僕のインスタが200万フォロワーになった理由

インスタグラマー D《ディー》

Instagramで人生が変わる

技術評論社

プロローグ

本書を手にしていただき、感謝申し上げます。

僕は、年に何回かパリコレクションやミラノコレクションなどのファッションショーを取材しに海外に行き、写真をインスタグラムに投稿しています。芸能活動をしているわけでも、メディアに出演して有名なわけでもありません。でも、僕のインスタグラムのフォロワー数は２００万人を超えています。東京ドーム（収容人数５５０００人）で計算すると、約36個分です。有名なファッションショーはブランドからの招待状がないと観ることができませんが、フォロワー数が１００万人を超えた頃から、老舗ブランドからも招待をいただけるようになりました。いったい、どういうことなのか。

僕は、インスタを活用していきたい方が真似できるように、自分のやり方をまとめてきました。その内容を集大成したのがこの本です。本書は、次のような構成になっています。

１着目では、インスタグラムを始める前に知っておいていただきたい考え方を、僕自身が実践したこととあわせて明かします。僕はインスタグラムを始める前の準備にほかの人より時間を割きました。僕は幼少期よりスポーツをやっているのですが、スポーツは基本とカラダ作りが鍵になるので、いつもの癖がインスタグラムにも出たのです。

２着目では、「インスタグラムの中で一番見られる箇所」であるアカウントや、投稿する写真で、自分らしさを表現するための考え方をお話しします。

３着目では、より多くの人に投稿を見つけてもらう秘訣を明かしています。「ＳＮＳだから毎日投稿しないといけない」と思っている方が僕のまわりにとても多かったのですが、じつはそんなことはありません。

４着目では、インスタグラムがより良くなるように追求したことについてお話しします。

５着目では、１００万人、２００万人ものフォロワーに届けるための工夫、そして有名になることや仕事の考え方についてお話しします。

インスタグラム社によると、インスタグラムの月間のアクティブアカウントは２０１８年6月には世界で10億人、２０１９年3月には日本でも３３００万人を突破。利用者はますます増加することが予測されています。利用者が増加すると、当然、個人でも企業でも、価値あるコンテンツを提供していくことが鍵になってくるでしょう。逆にいえば、価値あるコンテンツを提供できるようになれば、それが大きなチャンスにつながるのです。

僕は、インスタで人生が変わりました。
憧れのファッションブランドと仕事をすることができました。
家族に恩返しすることもできました。
失敗も多くありましたが、目標を達成することができました。

ＳＮＳのビッグウェイブが日本にも到来している今、本書で公開しているコツがあなたのお役に立てれば幸いです。

CONTENTS
Change Your Life with Instagram

3着目　多くの人に見てもらう

4着目　インスタグラムがより良くなるよう追求する

5着目　世界中を魅了する

D'sクリエイションの軌跡

Change Your Life with Instagram

1着目

考え方を変える

001

拡散されないことは、利点になる

僕がインスタグラムのアカウントを開設したのは２０１４年４月。そして、本格的にインスタグラムの勉強を始めたのは、２０１５年からでした。インスタグラムは、Instant（瞬間、即座）とTelegram（電報、電信）からなる造語。瞬間の出来事を撮影し、かんたんにネットにアップするというのがコンセプトで、言葉で説明する必要はありません。写真を通して体験を共有できるのです。

「１枚の写真は１０００語にも匹敵する力がある」そう感じています。

インスタグラムについて勉強を始めてわかったのは、拡散性の低さです。ツイッターのようなリツイート機能がなく、投稿にＵＲＬを記載しても反映されないのです。最初、早く結果を出したかった僕は、拡散性が低いことをネガティヴに考えましたが、じつは拡散性の低さはインスタグラムの人気の理由のひとつでした。より身近な人・アカウントとだけつながることができるので、クローズド気味なＳＮＳとして好まれたのでしょう。

そして、インスタグラムはほかのサイトやアプリに移ることがなく、インスタグラムだけで完結できることが価値につながるように設計されています。インスタグラムだけで完結するので、必然的にインスタグラムの接触時間が長くなります。それは、インスタグラムを見る習慣につながります。つまり、一度フォロワーになってもらえると、こちらの投稿を見ることが、その人の習慣になるのです。

D's Message

インスタグラムだけで完結するから、接触時間が長くなり、見る習慣につながる。

002

セレブじゃなくても
フォロワーは増える

同じ趣味の人を探す。参加したいイベントの情報を集める。自分の投稿を多くの人に見てもらう――そういったことがかんたんにできるよう、投稿に付けるタグを「ハッシュタグ」といって、「#パスタ」のように、#＋文字列のスタイルで表されます。

２０１６年までは、ハッシュタグの人気投稿にランクインすることが、インスタグラムで最も成功する方法でした（今では「トップ」という人気順の画像と「最近」という新しく投稿したものの順とが出てきて、どちらもスクロールすると延々と画像が続きます）。しかし、人気投稿に選ばれるのは、たったの9枚。何億ものユーザーが投稿する中で、「人気投稿」にどうやったら入れるのかと、僕はインスタグラムのアルゴリズムの勉強を始めました。

調べると、投稿の閲覧数といいね数（アクション）上位順をＡＩが自動検出し、人気投稿に表示していることがわかってきました。そして、人気投稿に選ばれる9枚は海外のセレブやハリウッドスターのものが多く、ゴージャスな投稿ばかりでした。「一般人の僕とは無縁な世界だ」と思い、一度は人気投稿に選ばれることは諦めました。

そんな僕に再びやる気を取り戻させてくれたのが、僕にインスタグラムの存在を教えてくれたファッションブロガーの方でした。その方はハリウッドスターのようなお金を使った投稿ではなく、自分がいいと思ったファッションをアップすることでフォロワーが1万人もいたのです。

「需要があるのは決してゴージャスな投稿だけではない」と気づき、ワクワクしました。そのファッションブロガーの方以外にも、きっと別の道のおもしろい人たちがいるに違いないという素敵な予感がしていました。

D's Message

どんな人にも、その人だけの能力や生き様がある。
インスタとの関わり方も、10人いれば10通りの関わり方がある。

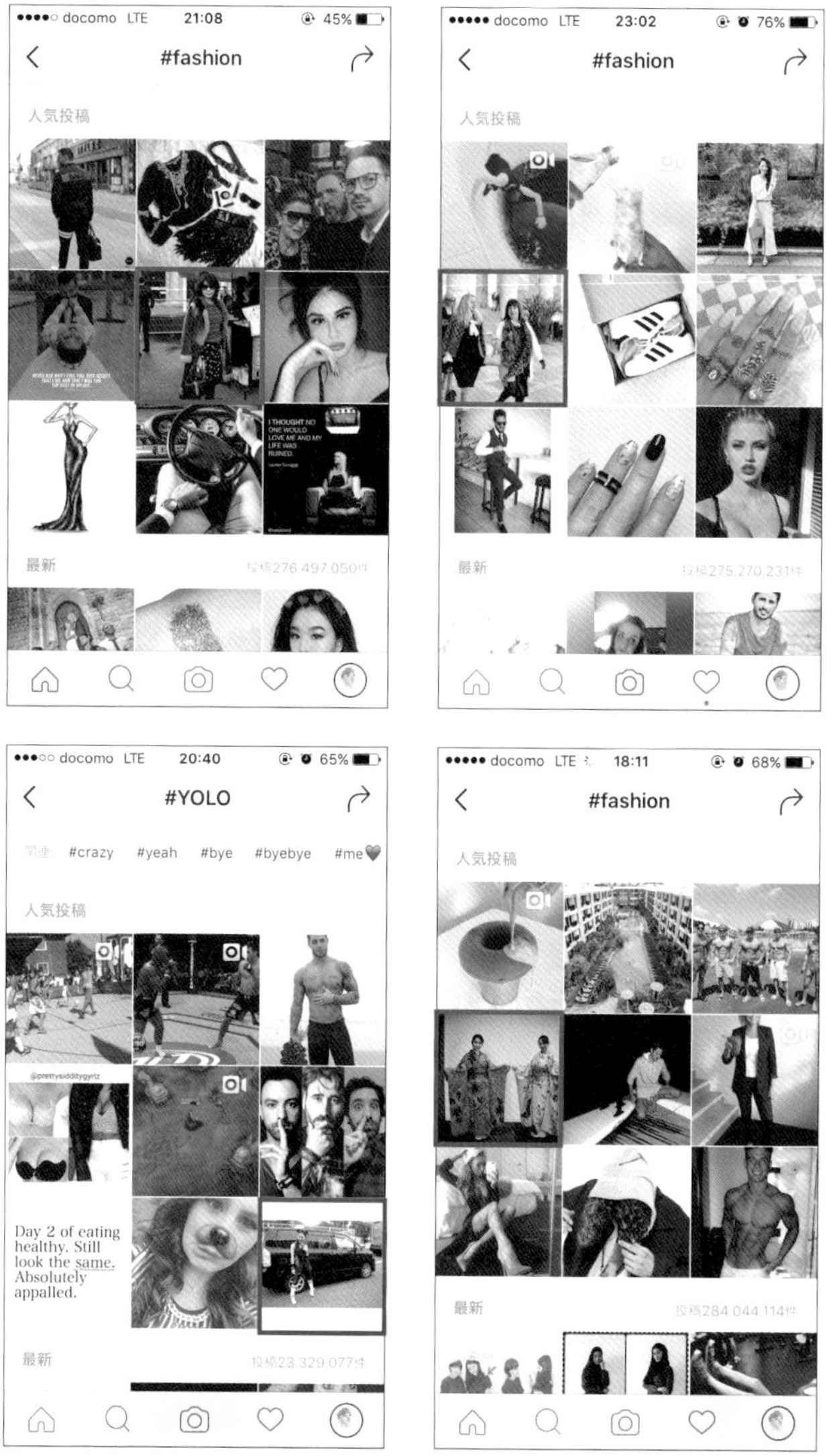

僕の写真も人気投稿に入りました

003

やりたいではなく、やる

インスタグラムでは、多くの人が己の価値を証明していました。その世界にいることで、僕に貼り付いていた余計なものがどんどん剥がれ、頭で考えなくても体が動くような感覚になっていました。

1秒ごとにどんどん新しく生まれ変わっていくように感じる。
でも、自分でもどこにたどり着くのか、どこまで行けるのかはわからない。
それこそが「自由」なのだと知りました。この経験が、今でも僕の投稿の中心にあります。

方向性という面でも、この活動は役立ちました。自分が進みたい方向を知るためには、他人を知ることも大事だとわかったのです。この時、はじめてインスタグラムが「楽しい」と感じました。

想像力が判断力の邪魔をしてました。チャレンジしようとすると、脳はブーメランのように過去の思考や行動パターンに戻そうとするのです。変なやつだと思われたくなかったんです。変なやつ扱いされたこともありますし、学校の先生に悪者扱いされたことだってありました。要するに信用が低いため、話さえ聞いてもらえないんです。

そんな時、「そういう社会で我慢していくことより、自身でやり方を見つけていくことで先行者になれるのではないか」と思いました。将来の理想が見えた時、やろうと決心しました。

D's Message

成功でも失敗でもやったもん勝ち。終わったら自分へのご褒美に、旨い牛丼を食べにいく。

d_japanese

004

覚えてもらえると、
見てもらえる。
見てもらえる時間が増えると、
愛着が生まれる。

僕はインスタグラムを始める前に、3つ特徴を用意しました。目的は、相手に覚えてもらうためです。もちろん3つ以上あってもかまいませんが、まず3つ用意しました。数はインスタの構造が3マスなので、直感で3つだと思っただけでした。

1. 活動名義
2. 何を発信している人なのか
3. 自分達に何をもたらしてくれる人なのか

1つめは、Dという高校の時のあだ名にしました。よく「Dreamer のDですか?」と聞かれますが、そんなかっこいいものではないんです。覚えやすいし、ネットの検索に引っかからなくていいかなと思ってDにしました。

2つめは、自分ではなく、お洒落な人を撮影して発信している人でした。今でこそカメラマンインスタグラマーは多いですが、当時は希少だったので。ただ、お洒落な人だったからこそ、時代が変わった時にファッション全般に切り替えることができました。

3つめは、いいねを2倍、3倍で返してくれる人でした。僕の気持ちですが、与えてもらったら倍でお返ししたいのです。今でも返してます。

この3つの特徴は、コンテンツに合わせて入れ替えています。2017年には、次のようにしました。

1. Dという名前がシンプルで覚えやすい
2. パリコレなどのファッションショーが見れる
3. いいねを返してくれる

さらに、その後2年で特徴を3つ追加しています。

1. Dという名前がシンプルで覚えやすい

2. パリコレなどのファッションショーが見れる
3. いいねを返してくれる
4. アニメティストなトランプカードを発信している（2018年）
5. 髪が白い（2018年）
6. マルチ言語で発信している（2019年）

記憶に残ると、インスタグラムの枠を通り越し、直接会った時の会話につながります。覚えてもらえると、たとえ会えなくても見てくれるようになります。そして、見てくれる時間が増えると、自然と愛着も生まれ、フォロワーにもなってくれるのです。

これらの特徴とは、自分を外に出していくための設計図のようなものだと思います。

D's Message

自分の特徴を3つ探し出そう。

005

「自分の世界観を支持してもらえるかどうか」が大事

今まで多くの人は、受信者でした。けれどこれからは、発信する側に変わっていけます。ユーチューブでは、テレビより視聴者数を超えることもあるほどです。

そのために大切なのは、人と競うことではありません。自分の世界観を支持してもらえるかどうかです。

自分なりの世界観を作るために、どうしたらいいのか。僕はまず、一眼レフカメラを購入しました。初心者キットで5万円ほどのニコンのセットです。それから3年後、自分の型ができてきたので、ライカのカメラに買い替えました。

ただ一眼レフにする、これが正解というわけではありません。メンタリストのDaigoさまは動画をスマホで撮って出されていますし、ユーチューバーのヒカキンさんは最新の編集機材に投資されたりしてますよね。人によって方法はさまざまです。ですが、自己投資と目的を達成するためのツールという点は共通しているのではないでしょうか。

インスタを始める前までは、友人との食事や遊びに給料を使うことが多かったのですが、それだとカメラを買うこともできなかったので、徐々に回数を減らしていきました。１人暮らしだったので、使えるバイト代もあまりありませんでした。あたりまえのようですが、一眼レフカメラを購入するという目的が見つかったことで、そのために必要なものも見つけることができました。お金はとても大切ですが、その先にある目的を見つけることでいくら必要なのかがわかりました。

D's Message

世界観を作るために何が必要なのか考え抜く。

d_japanese

006

「フォロワーに何を還元できるか」と考える

僕は、インスタグラムを使いこなしたいという人には「フォロワー数のことは、まず忘れてください」と言っています。みんな、「エー!?」と驚きますが、フォロワー数の増減ばかりに目が行ってしまうと、本当に大切なことを見失ってしまうのです。

フォロワー数にこだわっている人は、海外のセレブを見ても、ほとんどいません。多くのフォロワーを抱える人たちは、「今自分をフォローしている人たちに対して何ができるか」という気持ちと向き合っていました。

たとえばファンのために何か特別なメッセージをインスタグラムで発信するなど、ファンとの交流に用いている人も多いです。そこで大切にされているのは、ファンの数ではなく、交流の質なのではないでしょうか。フォロワー数よりも大切なのは、「自分自身が何をしたいのか」そして「自分には何ができるか」です。

僕たちはタダでインスタを利用することができています。しかも、インスタは広告がほかのSNSと比べてかなり少ないんですよね。

インスタグラムの共同創業者「ケヴィン・シストロム」さん、「マイク・クリーガー」さんら、そして「マーク・ザッカーバーグ」さんらのおかげで、インスタをタダで、しかも居心地がいい環境で利用できています。宗教っぽく思われがちですが、感謝の気持ちとそれを返そうとするアクションは、フォロワー数よりも大事にしています。

D's Message

「自分は何ができるか」を考えてみよう。

d_japanese

007

やりたいことに気づいたら、動いてみよう

どうやって、自分がしたいことを見つけたらいいのか。マニュアルはありません。自分自身で気づいていくしかないのです。そして、やりたいことに気づいたら、自分で動くしかありません。

僕がインスタグラムを始めた2015年頃からすでに、ファッションのアカウントはちらほらありました。個人が毎日のコーディネイトを出したり、ショップがオススメの品を紹介するなどしているものでした。けれど、日本人ではまだ、そうした投稿をする人はほとんどいませんでした。

ファッションというテーマのなかで何を投稿していくかを考え、ファッションスナップがいいという結論になりました。

そこで僕は、街でおしゃれだと思った人を撮らせてもらい、それを発信していくことにしました。それをインスタグラムでしている人が、まだいなかったのです。だから、その場所を取りに行きました。

そこから、海外でのファッションショーの写真も投稿するようになりました。カメラマン席ではなく客席からのリポートです。それをしている人が当時は少なかったのです。

僕が始めた当時はまだ、雑誌などの媒体がインスタグラムに参入する前でした。本気でファッション誌を作っているプロの画像とかぶってしまっていたら、勝ち目はなかったと思います。

ちなみに、僕の肩書は〝ファッションドリーマー〟なので「ファッションのインスタですか？」とよく聞かれますが、僕はそうは考えていません。ファッションではないことも投稿しているからです。

僕は、インスタグラムをアイデアのメモ代わりにもしています。先日はフランスのモンサンミッシェルに行き、その画像も投稿しました。なぜ行ったかというと、インスピレーションを得られると考えているからです。日本の直島もとても良かったです。

そうした場所に足を運ぶようになりました。

インスタは万人に平等なプラットフォームです。中身は自分自身で作っていくものなのです。インスタグラムでは、アイデア次第でさまざまなことができます。だからこそ、最初に考えていただきたいのです。

インスタが持つ可能性に。

D's Message

チャレンジすると必ずつまずく。ただそこで諦めて投げ出さないことが成功する方法だった。

008

やりたいことができる時間は、たくさん作れる

「やりたいことをやる時間がない」という人がいます。本当にそうでしょうか。時間というのは、作るものです。「仕事が忙しくて無理」という人でも、休みの日はあるはずです。たとえば週休2日の人だったら、その2日で好きなことをすればいい。週に2日ということは、月に8日です。やりたいことができる時間は、たくさん作れるはずです。

「時間がない」というのは、単なる言い訳にすぎません。休みの日は友達に会っているというのなら、友達に会う回数を減らせばいい。会う時間が減ったら友達じゃなくなるのだとしたら、それは本当の友達ではないんです。自分が本当にやりたいことをやる時間を努力して作ることは必要です。インスタグラムも、仕事をしながらでも続けることができるはずですし、実際そうしている人は大勢います。

インスタグラムをするということは、自分自身を発信するということです。「はじめに自分の生きかたありき」それを忘れないでほしいのです。

D's Message

自分の1時間をどう使いたいでしょうか。
だれとすごしたいでしょうか。

Change Your Life with Instagram

2着目

自分の世界観を表現する

009

いいねをする時、名前が目に入ることを忘れない

僕はプロフィール作りも大事だと思います。たとえば、アカウントネームはとても大切です。だれかが自分のインスタグラムの投稿にいいねをする時は必ず目にするからです。日本人だけではなく、さまざまな国の人が見にくるかもしれません。

なので、アカウントネームだけで、どんな人なのかを説明できるといいでしょう。たとえば、アパレルショップの店員だとしたら、アカウント名をこんな感じで作るのです。

@自分の名前＿勤務地＿店名

また、シェフの人がインスタのアカウントを持つとしたら、「どのようなジャンルに特化しているのか」を添えてもいいと思います。たとえば「肉料理」などとアカウント名に加えるのです。

企業アカウントであっても、広報担当者などの個人名も入れたほうが親しみを持ってもらいやすいでしょう。

僕のアカウントネームは@d_japanese。名前が1文字だけというのは、僕の特徴です。「日本人か」と聞かれることが多いので、Japaneseと入れています。アルファベット1文字は、覚えやすい名前です。覚えてもらえるか、覚えてもらえないかだと、覚えてもらえる名前のほうがいいのです。

アカウントネームが決まったら、プロフィールにも気を配りましょう。自分の長所や趣味など好きなことを伝えてください。認識されやすくなるために、年齢や職業や住んでいるエリアをプロフィールにのせるのもいいでしょう。

普段何をしている人なのかがわかると、親しみを持ってもらえます。お店を営業している人は、お店の住所を載せるのもいいですね。

僕は、理解してもらいやすいように、アメリカの有名モデル［Gigi Hadid］さん、ポケモンと同じ1995年生まれということを英語で書いていたこともあります。

same age @ gigihadid & @ pokemon

外国の人が見ても確実に知っている人やキャラクターを選ぶほうが、親近感を持ってもらえるし、おもしろいとも思ってもらえます。

D's Message

どんな人なのか、プロフィールだけでわかるように。

010

アイコンは自分らしさがわかりやすく出ているものを

僕はアイコン画像をよく変えてます。狙いは2つあります。1つは、どういうアイコンがウケがいいのかを実践して調べること。そしてもう1つは、今の世界観にマッチしたアイコンにすることで全体の統一感を作ることです。これまでに、100回以上アイコン画像を変更してきました。

その中で、本書を読んでいただいているあなたには、投稿の内容とマッチしているものをアイコン画像に設定することをおすすめします。

たとえば、美容師をされている方の場合。インスタではお客様の写真をアップされるかと思います。また、DMでサロンモデルさんとやりとりされることもあるかと思います。なので、美容師だとわかる写真がいいでしょう。その際、必ずハサミやクシやドライヤーなど、美容師という職業にまつわる仕事道具が最低1つ写っているようにしてみるとわかりやすいと思います。

僕はインスタのアイコン画像を設定する際、インスタの機能上、どうしても画像がボケてしまうため、画素数が高い写真を使うことを心がけています。

D's Message

写真は何枚でも投稿できるけど、
プロフィール画像は1枚だけ。よく考えて選ぼう。

look?
now
do i
look?

011

「ビジネスに使っている」という印象を持たれないように

アカウントにはビジネスアカウントとクリエーターアカウントと個人アカウントがありますが、僕は個人アカウントでインスタグラムをしています。僕はインスタグラムでビジネスをしているわけじゃないので、個人アカウントで世界観を表現することに集中したほうがいいと考えているからです。ビジネスアカウントはおすすめしていません。「これはビジネスですよ」と言っているようなものだからです。

ただし、ビジネスアカウントとクリエーターアカウントにしかできないことがあります。それは、ユーザー特性がわかるということ。フォロワーの年齢、男女比、国（地域）などの情報を知ることができるのです。フォロワーの属性は知りたいというのであれば、一瞬だけビジネスアカウントやクリエーターアカウントに切り替え、情報を得てからまたすぐ個人アカウントに戻るという方法もあります。

ちなみに、そうして見た僕のフォロワーは、男性が67％でした。インスタグラムの男性の割合は平均43％なので、ずいぶんと男性が多いことがわかりました。

D's Message

世界観を表現することに集中する。

d_japanese

012

工夫と手間は見る人に伝わる

インスタグラムには、向いているコンテンツと向いていないコンテンツがあります。まず、多くの人がしばしば投稿している食べ物。じつは、インスタ向きではありません。僕が食のレポで大事だと思うのはリアクションですが、写真では食事中のリアクションを伝えることができないからです。

ただし、飲食店でインスタを活用している場合、お客様の感想も同時にアップしたり、お客様のＳＮＳにアップしてもらえる工夫をするといいと思います。その際、

・どこで食事ができるのか（住所や駅からのアクセスなど）
・どういったメニューなのか
・休みの日はいつか

などを毎回投稿の最後に書くなど、興味を持ってくれた人たちに対してわかりやすい対応を提供するといいでしょう。

食の発信をする場合は、ユーチューブなどの動画を見る習慣があるSNSのほうがチャンスがあると思います。テレビ番組でも、よく食レポをしていますよね。食べた人のリアクションでおいしいのかまずいのかがわかりやすいからです。ドッキリ風にして新商品をはじめて食べてもらい、そのリアクションをとるというのも、動画だからこそできる試みといえるでしょう。

旅行の写真も、インスタグラムでは多いですよね。でも、旅行画像を投稿している人は大勢います。趣味として旅行の画像を投稿するならばいいのですが、ファンにはなりにくいです。

犬や猫などペットの画像も、趣味としてならばいいと思いますが、より多くの人に見てもらいたいと思うのならば、工夫が必要になってくるでしょう。

すべてはやり方次第。いかに工夫されているか、手間がかかっているかは、見る人にも伝わるものです。

そして、どのコンテンツであっても、「自分の個性に沿っているかどうか？」という視点で考えれば、必要なものかどうかが見えてくるはずです。

D's Message

より多くの人に見てもらいたいと思うのならば、工夫が必要。

013

いい写真を投稿するだけではフォロワーは増えない

自分の個性だけでは世界観は生まれません。知らない人のライフスタイルや、自分のことだけが写っている「自分写真集」では、興味をもってもらえません。

自分自身の画像を投稿している人は大勢いるので、競争率も高く、みんな見飽きています。「この人は年齢を重ねたらどうなっていくんだろう」というワクワク感を持たせる演出ができるのならばアリかもしれませんが。自身の人柄を理解してもらうためには、動画メインのＳＮＳのほうが合っていると思います。

いい写真があるからといって、フォロワーが増えるわけでもありません。ページの統一感が必要です。自分の個性をよく考えて、画像を選ぶべきなのです。

自分が進みたい方向があれば、写真を選びやすくなっていきます。

進みたい方向が決まれば、写真が足りなくなって困るということはありません。

D's Message

点ではなく線としてインスタをデザインしよう。

d_japanese

014

撮った瞬間に写真を上げてしまうと、世界観が崩れてしまう

インスタグラムでは、投稿する時に、画像を複数枚アップすることもできます。けれど僕は、画面を複数入れて投稿すると右上に現れるマークがインスタの世界観に少なからず影響するように思います。なので、画像を複数入れた投稿は、右端の列に来るように調整しています。

写真を撮りながら、僕はいつも考えています。たとえば、「これは何でできているのか」ということを考えます。アイスティーを飲んだとして、どんなアイスティーなのか、茶葉はどこの産地のものなのか、そういうところまで調べて書いて投稿できるといいなと思っています。

写真を撮ってすぐアップするよりは、写真を撮る習慣そのものを大切にしたほうがいいんです。1日30枚くらい撮ると、「なぜ自分はこの写真を撮ったのか」「どう思って撮ったのか」などを脳内で整理できるようになります。

撮った瞬間に写真をインスタグラムに上げてしまうと、世界観が崩れてしまう危険があります。インスタを活用したい方は、お持ちのスマホのカメラでもいいので、まずは1日30枚以上写真を撮ることを心がけてみてはいかがでしょうか。

そして、撮った写真は、ドロップボックスなどのクラウドをレンタルし、クラウド上でフォルダで整理しています。スマートフォンの中に入れてしまうと、画像がどこにあったか探すのに時間がかかってしまうからです。「ファッション系」「フード系」などとフォルダ分けし、さらにそこに細かいフォルダー「ワイドパンツ」「スキニーパンツ」などと分けています。

僕のスマートフォンにはほとんど写真が入っていません。だから、万が一失くしても問題ありません。

D's Message

「なぜ撮ったか」「どんな思いで撮ったか」の整理を大切に。

d_japanese

015

横3列×縦3列＝9枚で世界観を表現する

繰り返しになりますが、インスタグラムで大事なのは「どんな写真を投稿するか」ではありません。「どんな世界観にするか」が大切なのです。

スマートフォンで見ると、インスタグラムの画像は横3列に縦3列の合計9枚ほどしか表示されない場合もあります。だから、自分のアカウントがどういうものであるのかを、写真9枚で説明することが必要なのです。

僕は今、3つの列それぞれで内容を変えています。

1列めは、お誕生日トランプイラスト。
2列めは、僕が映っている写真。
3列めは、夢があるなと思ったことや、僕がクリエイションしたものなどです。

列ごとにテーマを変えることで、画面をスクロールしていった時にずっとそのテーマの画像が出てくるので、統一感が出ます。世界観を壊さない工夫が大切なのです。

D's Message

列ごとにカテゴリー分けしてみよう。

Change Your Life with Instagram

3着目

多くの人に見てもらう

016

あえてゴールデンタイム以外に投稿する

インスタグラムは画像が中心で、文字を読む習慣はありません。文章は２〜３行くらいでいいのではないでしょうか。ちなみに、インスタグラムの文字量の制限は２２００字。フェイスブックの６万字よりずっと短いのです。

ほかのサイトへのリンクのＵＲＬも貼れません。ただし、タグ付けをすることができます。

僕は、必ずポジティブなことを書くようにしています。だれかが傷つくようなことをするのは、ナンセンスです。ネガティブなことを発信したら、読みに来てくれる人たちも、疲れてしまいます。

数字にも気を使っています。人にとっていい印象の数字と悪い印象の数字を調べました。そして、避けるべき数字、４、９、13などはあまり出さないように、見に来た人がいやな思いをしないようにと考えています。

投稿時間も工夫しています。大勢の人がインスタグラムにアクセスするゴールデンタイム、それは夜だと言われています。多くの人がそのゴールデンタイムを狙って投稿しています。

けれど僕は、あえてゴールデンタイム以外に投稿するようにしています。逆だと思っているからです。その時間は、みんな投稿をしているので、投稿のほうに意識がいっています。だから、あまり検索をしません。

僕は人が寝入っている夜中の2時にあえて投稿することもあります。夏休みの時期だと、若い人はけっこう起きているんです。

D's Message

満員電車と席が空いてる電車に当てはめて考えてみる。

017

ハッシュタグを30個付けて見つけてもらいやすくする

検索サイトでキーワードを入れて検索するよりも、ＳＮＳのハッシュタグで検索されることが多くなってきたと聞きます。なぜかというと、ハッシュタグのほうが個人のリアルな声が反映されているからです。

ハッシュタグは、１つ投稿に何個付けることができるか知っていますか？30個です。30も付けられることを知っている人はけっこう少ないようです。

僕は、ハッシュタグは30付けるようにしています。１投稿に10しかハッシュタグを付けなければ、２つ投稿を書いたら20、10投稿を書いたら全部で１００のタグ数。けれど、１投稿に30ハッシュタグを付けていれば、２つ投稿を書いたら60、10投稿を書いたら３００になります。数字で見ると、明らかに違いますよね。この数字の差が、投稿が発見される差となるのです。

ジャンルごとに、人気のハッシュタグがあります。たとえばフード系だと「＃おうちごはん」、ファッション系だと「＃ＳＳ」(spring/summer)、「＃ＦＷ」(fashion week）などがあります。

ところで、ハッシュタグを30個、どうやって集めたらいいでしょうか。

インスタグラムにハッシュタグに使いたいワードを入れてみましょう。それに関連したハッシュタグもいっしょに出てきます。その中から自分の投稿に合うものを見つけていくのがいいでしょう。

インスタグラムでは、そのハッシュタグに何件ほどの投稿があるのかも表示されます。どのくらいの数のタグを選べばいいのでしょうか。たくさんの投稿があるタグを付けても、埋もれてしまい、目立つことはできません。あれこれ試してみて、ほどよいと感じた投稿数のところを選ぶようにしましょう。

また、自分と同じようなテーマで投稿している人が付けているタグも参考にしてみましょう。何度か投稿するうちに、それぞれのタグの傾向も見えてきて、自分に合っているかどうかがわかってくるでしょう。慣れてきたら、大勢の人が投稿するタグにも挑戦し、ステップアップしていきましょう。

ハッシュタグだけしか付けない投稿だと、説明不足です。文章を添えて説明をしたほうがいいでしょう。

僕は、ハッシュタグは本文には書かず、本文のコメント欄に入れています。コメント欄にタグを書いても、反映されるのです。また、ストーリーズにもハッシュタグを複数付けることができます。

D's Message

時間が経つにつれ、タグの数の差は大きくなる。

018

インスタの価値を上げていく

インスタグラムでは、時々でいいので、自分の顔を出したほうがいいです。そのほうがその人となりがわかりやすいし、親しみが感じられるので。僕には、自分の顔をまったく出さない時期も前はありましたが、顔を出したほうが親近感や信頼性が高まると感じ、出すようになりました。また、自分の画像が出ていないと、そのアカウントにある画像が本人が撮ったものなのか、または転載したものなのかを判別してもらいにくい場合があります。

もちろん、毎回自分が映る必要はありません。毎回映っていたら、〝自分美術展〟になってしまいます。あなたの表情が見られるのは稀なほうが、あなたの希少価値を上げることにつながります。

自分の顔は、できるだけ綺麗に見せたほうがいいでしょう。普段から化粧水をつけていると、肌を少し綺麗に見せることができます。僕は、写真を撮るときは化粧もします。男性用のファンデーションも今はたくさんありますから。アイメイクもします。

僕は男ですが、メイクをしてみたら、女性が毎日していることの細かさに気づくことができました。下地からマスカラ、ほかにも多くの種類があります。完璧に女性の気持ちを理解することはできませんが、勉強家で素敵だと尊敬できましたし、友達のメイクの変化にも気づくことができました。最初は右も左もわからなかったので、化粧品売り場でメイクしてもらったものを買って実践しました。

D's Message

自撮り多めに注意。自身の希少価値を上げよう。

LOVE
LOVE

019

投稿数よりもコミュニケーションを大事にする

僕は、毎日は投稿していません。「2〜3日に1度の投稿でもいい」と思っていますし、実際そうしています。「連続投稿したほうがサイトでの滞在時間を伸ばせるからいい」という声もあるのは知っています。接している時間が長いほうが好感を持ってもらえると言われているからなのでしょう。

けれど僕は、投稿数より1つの投稿のインパクトのほうが大事だと思っています。みんなが興味を持たない画像をたくさん投稿するよりは、インパクトがある画像を1つ出すほうがいい。自分のペースでの投稿でもファンはできます。無理をしなくてもいいのです。

それに、投稿のしすぎには注意が必要です。1日に何回もしたら、好感度が上がらないかもしれません。僕としては、1日1回が限度ではないかと思っています。

僕は、投稿しない日は、自分の投稿に書き込まれた何百ものコメントすべてに返事をしたり、フォロワーさんの投稿にいいねをしたりしています。これがなかなか時間がかかるということも、毎日は投稿できない理由の1つです。

ユーチューバーは、毎日のように投稿しているので、インスタグラムでもそうしたほうがいいのではと思っている人がいます。僕もユーチューブをよく観るので、その1人でした。ヒカルさん、ヒカキンさん、はじめしゃちょーさん、もちろんランウェイの動画など、ユーチューブに接触している時間が長いのでそう思い込んでいました。ですが、ユーチューブとインスタグラムは全然違ったんですよね。自分たちが楽しいと思うことを発信しつつ、フォロワーに楽しんでもらう点はユーチューバーもインスタグラマーもいっしょですが、インスタグラムでは場所、写真の配置の仕方を重視したほうがいいのです。そのためには、ある程度時間を置いて、写真の配置を考えなければいけません。

あと「いいねを返したりしていたら、あっという間に1日経ってる！」なんてこともあります。ですが、後悔していません。そのいいね返し、またはいいねを押しに行く1つ1つが積み重なって、今のフォロワーさんがあるからです。

たとえば、１日計８００人にいいねやいいね返しをすると（数百件もすると利用制限がかかることがあるので注意）、

１ヶ月で約２万４０００人にリーチできます。

１年で約29万人にリーチ。

僕はインスタをやって5年経ったので、

約１４５万人にリーチできたことになります。

本書の冒頭でも書きましたが、ＳＮＳのビックウェーブが到来している今だからこそ、今日からでも実践する価値があると思います。

D's Message

1つ1つのいいねが積み重なって、今のフォロワーさんがある。

020

ハイライトで親近感を持ってもらう

インスタグラムの写真のクオリティを高めるのはとても良いことでしたが、反対に、親近感のようなものがなくなり、そこが1つの課題となりました。僕が考える「親近感」とは、フォロワーさんに寄り添うような考えです。

SNSをやるうえでフォロワーさんに「楽しんでもらう」「親しんでもらう」「応援してもらう」という点で親近感を抱いてもらうために、僕はハイライトという機能を使って実践しました。

インスタグラムには24時間で投稿が消えてしまうストーリーズという機能がありますが、ストーリーズを保存してずっと表示し続けることができるのがハイライトです。雑誌に掲載された記事なども、ハイライトでアップしています。

ストーリーズには、画像を100枚まで投稿できます。そして、1つのハイライトにも100枚まで画像を入れることができます。ハイライトにはタイトルを付けることができ、無限に作ることができます。

僕は、ハイライトのタイトルを国旗にしています。僕が26カ国語を使って発信しているのと同様の狙いなのですが、インスタを見てもらった人に少しでも親近感を持ってもらいたいと願ってこうしています。アップするストーリーの内容は、フォロワーさんの属性と自分の楽しいことを合わせて、ファッションのことか、主婦の方でも楽しめるよう日々の日記などが多く、内容が国旗とは関係ありません。

今、関係がないことに呆れた方もいらっしゃると思います。僕もはじめは関係があったほうがいいと思ったので、実行するか悩みました。ですが、思いついたアイデアを実験できる環境にあるので、大胆ですが実行してみたところ、効果てきめん。海外の新規のフォロワーさんが増えただけでなく、ＤＭ（ダイレクトメッセージ）もたくさんいただくようになりました。

これこそ、本書のカバーにもあるように、「日本人向け（固定概念を考慮した発信）に発信して10万人のフォロワーを得るより、世界に向けて発信して１００万人のフォロワーを得る」でしょう。

D's Message

国の数、人の数だけ、Brain（考え方）がある。

Change Your Life with Instagram

4着目

インスタグラムがより良くなるよう追求する

021

いいねを日々のタスクにする

僕は、毎日いいねを８００件していました。インスタグラムでは、あまりいいねをしすぎると利用制限がかかることがあるので、それに引っかからないように気をつけながら、いいねをしています。

こうした小さなことの積み重ねが大切なのだと思っています。

１日８００件いいねをしていることを知人に明かすと、「大変」という感想を多くいただきました。ですが、やっていて苦ではなかったですし、理想を叶えるために完了しないといけない毎日のタスクの１つでした。ちなみに、僕の理想はとても曖昧ではありますが、「インスタやファッションを通して１人１人に楽しんでもらうこと」としています。結論、毎日のタスクが決まっていたからこそ、１日８００人にいいねすることができました。はじめから実行できたわけではありません。

ロバート・G・アレンさん著の『幸せをつかむ「４つの地図」の歩き方』という本にありますが、毎日のタスクが完了となって理想を実現することが叶います。

僕が学生の頃は、タスクも定め方も、毎日の習慣のための儀式もわからず、学校が終わったら寝るまでテレビを観たりゲームをやったり、たまに好きな子にどうやって好きになってもらえるかを1日中考えているような学生でした。ですが、まわりと少し考え方が違っていて、それが原因でいじめを受けていました。悔しい思いをしながら生きていくのが辛かったこともあり、サッカーからテニスに転向したりして、協調性よりも精神面を鍛えるようにしていきました。ファッションの道に進んだのも、そうやって選んだテニスと、両親のおかげでした。両親は共働きですが、母は家事をしながら、毎日テニススクールに送り迎えしてくれたんです。父はテニススクールに通わせてくれました。

いつか両親に恩返ししようと思っていたのですが、高校総体の直前、練習中に後輩が拾い損ねたボールを踏んづけて靭帯を切ってしまったんです。どうしようもなく落ち込んでいたとき、母が気晴らしに連れていってくれたのが佐賀のショッピングモール、大和ジャスコでした。今では恥ですが、高校生の頃の僕は、人生で一度も店員さんの接客を受けてきませんでした。ですが、その日は怪我もあって、弱っていたのかもしれません。店員さんが普段僕が着ないような洋服を選んでくれて、試着して鏡で見たとき、いつもよりかっこよく見えたんです。自然と笑顔がもどって、「あぁ、ファッションで人は元気になるんだ」って。その経験をきっかけにファッションの道に進みました。

「これからは失敗してもいいから、やらなかったことに後悔はしたくない」という気持ちと、「いつか家族に恩返ししたい」という気持ちがあって、独学で勉強するようになり、理想と、完了すべき毎日のタスクの厳正なルーティンを見つけることができました。また、インスタグラムも5年間走り続けることができました。

D's Message

あなたの5年後の理想はなんですか？

022

フォロワー数＞フォロー数

自分のフォローを見直してみましょう。どんな人をフォローしているでしょうか。

あなたがフォローしている数にも気を使ってみてください。たとえば、フォロー数が0だと、もしかしたら冷たい人という悪印象を与えてしまうかもしれません。そしてフォロー数が多すぎる人、たとえばフォロー数800人などもあまりいい印象を保たれないです。

もちろん個人の自由ではありますが、だれにもまったく関心がない人をフォローしようと思いにくいですし、800人を追ってる（フォロー）してる人だと、「ちゃんと800人の投稿を見てるのかな？」と考えます。

僕の場合、フォローは30~50人の間がやっとでした。

最初に多くのアカウントをフォローすることはおすすめしていません。フォロワーがついてからフォローを増やしていけばいいのです。

友人と交流するためのアカウントと、自分を発信するためのアカウントは分けるのも1つの方法でしょう。もう1つ別のアカウントを作り、そちらで友達と交流するのです。

D's Message

常に自分と相手の立場の両方を見れるようになろう。

d_japanese

023

トップインフルエンサーから直接学ぶ

直接聞いたり体験することと、活字に落とし込まれたものは全然違います。新鮮な情報を得たい時はパリコレに来ているトップインフルエンサーに直接学びます。フォロワーが１０００万人、１億人といった人たちです。運良くたまたま席が隣で直接お話しさせていただくこともあれば、離れていても彼らが使っている機材を見たり、どのタイミングでシャッターを切るのか、そのセンスを直接学ぶことができます。

そして、そんなトップインフルエンサーを魅了してしまう世界のハイブランドはどういうものをインスタにアップしているのかも、直接見ることができます。それを意識していくことで、僕の審美眼も磨くことができました。

インスタグラムは視覚的要素が強いため、どういう写真が人を魅了できるのかを選択するセンスが重要です。僕もまだまだ勉強中ですが、はじめの頃はもっとセンスがなく、服飾学生時代はその日の格好を隠し撮りされＳＮＳに悪口とともにアップされてしまうイジメにもあいました。それが、直接ファッションの最前線であるコレクションを見ることでマシになりました。

書籍や雑誌、インターネット……情報をこれらで得ることは、決して悪いことではありません。実際に成功している人のマインドを感じることはできるでしょう。ですが、状況は変化するので、それが書かれた頃と現在では環境が大きく違う場合もあります。また、活字の情報には臨場感が伴わないという点もあります。

大事なのは、メディアとリアル、それぞれの長所と短所を把握すること。そして、用途に応じてうまく使いこなすことです。

成功者のマインドを学びつつ、SNSの最前線で活躍してる人たちが集まるパリコレで直接学ぶ――僕は、そうやって自身の環境作りをしてきました。

「フォロワーがこの人数になったら、どうなっているだろう」と想像することも必要です。そうすれば、おのずと自分が取るべき行動も見えてくるからです。

D's Message

だけど、パリコレに出席するための経費が毎回ものすごいから、
正直、胃を痛めてるのも事実……。

024

心が折れてしまう前に環境を変えよう

理想を持つのは大事ですが、高すぎる理想は自分を苦しめてしまいます。「フォロワー1万人」などと理想を高く持たないこと。いきなり1万人は難しいものです。理想に向かって真面目にがんばって疲れてしまうのならば、理想を持たず、臨機応変に方向を変えていってもいいのではないでしょうか。

「1日にインスタにどれくらい時間を使うのがいいか」と聞かれますが、理想によってかける時間も違ってくるはずです。まず、1日1分でもいいから続けること。自分がやりやすいところからやっていくのがいちばんいいでしょう。

楽しんでいるのが伝わる投稿は、フォロワーさんにも伝わります。

D's Message

自身が楽しんでることが大切。
そのことがフォロワーにも伝わるから。

025

コラボを提案してみよう

フォロワー数が伸び悩んだら、自分が目標にしている人のインスタグラムの使い方を見てみましょう。その人がどういう風に発信しているのかを見て、自分にも取り入れていくと効果的です。

フォロワー数が同じくらいの人とタイアップ企画を提案するのもいいでしょう。近いエリアに住んでいて、似たような属性の人に、「コラボで撮影しませんか」とＤＭを送ってみるのです。

コラボといっても堅苦しいものではなく、
「今話題のカフェにいっしょに行ったよ〜」とか
「○○さんに撮ってもらったよ〜〜」とか
「○○さんにデザインしてもらった新作のパーカーです〜〜」とか
工数が少ない企画を活かして、お互いにポストして、紹介しあうだけにするのがおすすめです。

近いエリアの人ならば、会えます。そしていっしょに撮影し、画像にお互いのアカウントをタグ付けしあうことで、相手のフォロワーに自分を知ってもらうことができます。

D's Message

終わった後はしっかりお礼するようにしよう。

d_japanese

0 2 6

利己主義者は嫌われる

DM（ダイレクトメッセージ）を使って、面識のない人にアドバイスを求める人がいます。自分と近いものを発信している人にアドバイスを求めるのはいいかもしれませんが、教えてもらうばかりでは、成功はついてこないでしょう。

人から何かを聞き出したいのなら、まずコミュニケーションをとることが必要です。いきなりDMを送るよりは、インスタグラムの投稿などにコメントすることから始めたほうがいいかもしれません。そのほうが、熱意が伝わるでしょう。

D's Message

まず先に恩返しを考えよう。

027

お客さんを紹介すると、見てくれる人が増える

この章の最後に、企業がファンを増やしたい場合について考えてみましょう。

どの企業でも、自社のファンを増やしたいはず。好きになっていただき、リピーターが増えることで、経営も回るのです。インスタグラムの投稿がきっかけとなり、商品を購入したり、検索をしたりなどの行動を起こしたことがある人は70%もいるそうです（マージェリック調べ）。

けれど、消費者は飽きっぽいもの。1回行くお店はたくさんありますが、何度も行く店は少ないものです。企業からの発信も増えてきたので、やりかたを考えなくてはなりません。

多くの企業は、自社の製品をインフルエンサーなどに紹介してもらったり、製品について投稿するキャンペーンをおこなっていますが、もうそれはめずらしくはありません。新商品や新メニューの発表をどうしたらいいか、自分で考えていく必要があるのです。

特に、共感を得るための工夫は必要でしょう。たとえば、ポケモンのようにコンテンツがおもしろく、多いならいいのですが、そうではない企業はネタを探していく工夫が必要です。キャンペーンなどで一時的にフォローした人は、離れていってしまいます。実際に来店してもらうほどに好きになってもらうために、ずっとアカウントを見続けてもらうために、工夫が必要なのです。

企業アカウントで発信してしまうと、少し遠い感じがして、親しみやすさを持ってもらえません。個人が発信できる時代なので、社長や取締役の方がアカウントを持つことで自社アカウントとのブランディングを差別化することができます。

また、これは上級者向けですが、言語の選択も大切になってきます。たとえば美容系のアカウントの場合、ある程度フォロワーが増えてきたら、美容大国がどこなのかを調べ、その言語を追加してみるのもいいでしょう。

もし企業のSNS運営担当者になったとしたら、チャンスだと考えましょう。SN

S担当は、会社のいちばん鮮度が高い情報を得られる、なかなかないポジションなのですから。がんばって結果を出せれば、昇進の可能性もあるでしょう。SNS運営で学んだことを生かして、後日SNSアドバイザーとしてやっていけるかもしれません。

「お客さんを紹介していく」という方法も、フォロワー増につながりやすいのではないでしょうか。特に飲食店をしている人には効果があるでしょう。水族館やテーマパークなどにも使える方法だと思います。

「今キャンペーンとしてお客様を紹介しているので、紹介させてほしい」とお願いしてみるのです。紹介させていただいたお礼にドリンクをサービスするという方法もいいでしょう。そのキャンペーン自体がお客様とのコミュニケーションになります。こちらからお客様に声をかけなくてはならないのですから。

僕は以前、ファッションのストリートスナップを撮っていました。知らない人に声をかけ、写真を撮らせてもらうというものです。これはとてもいい経験になりました。

企業でも、こうした方法は有効だと思っています。

実際にお客様を紹介しているアカウントがあります。アカウント名：@enchantewithd。お付き合いがあるお店さんなので、インスタグラムを始めて、どういうメリットがあったのかをかんたんに紹介させてください。

店名「Enchante（アンシャンテ）」。お店が原宿のキディランド裏という人通りが多い立地に1坪でお店を構えているので、外国人観光客がおもしろがって来店されています。店主の見た目は若く見えますが、ご年齢もあり、ＳＮＳが得意ではありませんでした。僕がインスタグラムをやっていたことで、２年前にインスタグラムを開設されます。

お客様をご紹介していくことからスタートしました。外国人観光客の方の来店が多かったのですが、学生からご年配の方、地方から足を運んでくれるお客様もいらっしゃったので、国籍や年齢に関わらずご紹介していきました。

すると、お客様がインスタグラムを紹介してくださったり、また足を運んでくれるようになったのです。インスタグラムを始めたのがきっかけで、新規のお客様や再度足を運んでくれるお客様が増えたのです。

D's Message

お客様への感謝の気持ちと謙虚な姿勢を大切にする。

Change Your Life with Instagram

5着目

世界中を魅了する

0 2 8

日本人向けに発信して
10万人のフォロワーを得るより、
世界に向けて発信して
１００万人のフォロワーを得よう

僕がインスタグラムを始めた頃、インスタグラムの国内での知名度は低く、利用者は８１０万人でした。８１０万人というユーザー数は多いのですが、今ほどみんなインスタをやってるわけではなく、インスタグラムのパイオニアも国内にいなかったので、海外のインスタグラマーさんを参考するしかなかったのです。文章は英語で発信されていたので、僕も英語で投稿するようにしていきましたが、決して英語ができたわけではありませんでした。翻訳アプリを使って一歩一歩英文を理解していく、そんなやり方で少しずつ覚えていきました。

その当時に比べると、海外の仕事をいただけるようになりましたが、この先僕がネイティブのように英語がペラペラにならないといけないわけではないと思います。なぜなら、「インスタを通してみなさんに楽しんでもらいたい」という気持ちで溢れているので、英語に特化する時間を、インスタをおもしろくしていく時間や、別のチャレンジをする時間にあてたいと思うからです。

ただ、昨年フランスで、モンサンミッシェルやモネ先生の家をインスタで発信させていただいたのですが、そのような特別な機会をよりよく発信して届けるためには英語力も伸ばす必要があると痛感。なので、フィリピン留学QQ English シーフロント校というところに約2ヶ月勉強に行ってきました。この学校はプールにヨガ教室（無料）もありますし、パワフルで高いモチベーションを維持できる環境でした。毎日のタスクに「英語力を伸ばすための勉強」を増やしたことで、僕自身ステップアップさせていただくことが叶いました……。おかげでインスタのフォロワーさんに還元できることが増えました。

D's Message

フォロワーに楽しんでもらえるよう、自分が成長していく。

d_japanese

029

26ヶ国語で発信する

あなたはポケモンのゲームをやったことがありますか？　特にピカチュウは世界中で人気ですが、じつは初代だけでも151種類のモンスターがいることをご存知でしょうか？　全種類のポケモンを捕まえたり、育成し、バトルでジム戦やチャンピオンリーグを勝ち進むのがポケモンのゲームの醍醐味です。151匹捕まえても、手持ちに6匹までしか持ち歩けないのもポケモンの育成の楽しみです。違うタイプの6匹を均等に育てることで、どんな敵が現れても勝利することができます。ピカチュウだけを強くしても、相手はポケモンを6匹持ってるので、勝利することはできません。もしチャンピオンリーグ（ポケモンの最強のステージ）で勝ちたいなら、6匹を均等に育てたほうがいいんです。

これは私たちの人生でも似ていると考えています。特技1つで勝負するよりも、6つあったほうが、ポケモンのように難しいものにも挑むことができると思います。僕のインスタグラムアカウントの場合は、次の6つを特技にしています。

1. ファッションの発信をする

2. アニメ・漫画（トランプ）の発信をする
3. 自然や旅行などの癒しの発信をする
4. 画像のクオリティをすべて高くする
5. ハイライトで親近感を生む
6. 最大で26ヶ国語を使って発信する

多言語発信は、最初は英語からスタートし、どんどんレベルアップしていきました。どの言語で発信するかは、ウィキペディアなどを調べて考えました。言語の表示順も考えています。アメリカ人は最初じゃないと読まないので、英語を最初に表示するようにしています。日本人はスクロールして探してくれるので、一番最後にすることが多いです。

どんなことでも、最初はレベル0スタートなんです。思いついたアイデアを拒むのは、あなたの中の怖れです。インスタグラムはだれもあなたのやり方を否定したりしません。どんどん自分の殻を破って楽しんでみてください。

D's Message

根拠はだれかがすでに実証したもの、真似しても決してその人には追いつけない。感性、自分の声を聞いて。

・
Большое спасибо за то, что научили меня английскому языку.

・台湾、上海、北京、、
非常感谢您教我英语。

・
Shumë faleminderit që më mësove gjuhën angleze.

・
Maraming salamat sa pagtuturo Sa Akin nang ingles.

・ ● ～セブ編～
今、語学留学でセブに来てます。

こっちの気温は30度以上あるので
寒いのが苦手な自分にとっては快適です！

セブのリアルも、お伝えできたらと思います。
まだ2週間以上あるのですが、先生方(フィリピノ)
皆さん、クリスマス気分で教室もクリスマス仕様に
なってます(ビックリ)

たくさん英語を教えてくれて感謝です。

プールにヨガ教室(無料)もありますし、
パワフルで高いモチベーションを維持できる環境だと思いました。

色々吸収して成長していきたいと思います！

・
Thank you so much for teaching me the English language.

・
شكرا جزيلا لتدريسي اللغة الإنجليزية.

・
Merci beaucoup de m'avoir appris la langue anglaise.

・
ขอบคุณมากสำหรับการสอนภาษาอังกฤษให้ฉัน

・
मुझे अंग्रेजी भाषा सिखाने के लिए बहुत-बहुत धन्यवाद।

・
Puno vam hvala što ste me naučili engleskom jeziku.

・
Muchas gracias por enseñarme el idioma inglés.

・
Vielen Dank, dass Sie mir die englische Sprache beigebracht haben.

・
Muito obrigado por me ensinar o idioma inglés.

・
영어를 가르쳐 주셔서 감사합니다.

・
Bana ingilizceyi öğrettiğin için çok teşekkür ederim.

・
Heel erg bedankt voor het leren van de Engelse taal.

030

ツーショット写真を公開して、世界観を崩すことなく、フォロワーを飽きさせない

950枚中21枚——僕がインスタグラムに投稿した著名人とのツーショットの数です。2ショット単体で見ると、画像の質は高くありません。インカメラを使ったセルフィーなどが多いからです。ですが、ここで大事なのがバランスです。このようなバランスですと、世界観を崩すことなくインスタでもアップすることができます。フォロワーさんにとっても普段と違うスパイスになり、飽きない工夫にもなるのではないでしょうか。

高いクオリティのものを提供し続けるのは、とてもカロリーが高いことです。作り手側と見る側の関係によくある価値観なのですが、クオリティが高いことにフォロワーさんも慣れてしまうのです。海外に行った時に日本食が恋しくなって、帰国後に日本食が美味しく感じるイメージです。日本にいる時は日本食をあたりまえのようにいただいてますが、それがなくなると、恋しくなってしまうんですね。

僕は心理学者ではありませんが、ツーショットをおりまぜたり、列によって投稿するジャンルをあえて区別することで、フォロワーさんへ、感動をよりよきタイミングで届けることができました。

そして、ツーショットの相手が著名な方だと、「すごい人と会ってる人！」というもう1つの価値が生まれるので一挙両得です。

ただし、ツーショットばかりを載せてしまうと、自慢だと誤解を生んでしまいかねるので、取扱に注意です。

D's Message

写真に写ってくれる方に失礼がないよう気をつける。

Francesco Rissoさま
（MARNI デザイナー）

Jeremy Scottさま
（MOSCHINO デザイナー）

Paul Smithさま
（Paul Smith デザイナー）

Angela Missoniさま
（MISSONI デザイナー）

Jonathan William Andersonさま
（LOEWE デザイナー）

Marcelo Burlonさま
（Marcelo Burlon デザイナー）

コシノ ヒロコさま
(HIROKO KOSHINO デザイナー)

川谷絵音さま

明日花キララさま

Kean Etroさま
(ETRO デザイナー)

Miuccia Pradaさま
(PRADA デザイナー)

Dean & Dan Catenさま
(DSQUARED2 デザイナー)

Yoshikiさま
紗栄子さま
村上隆さま

平井富子さま
三浦春馬さま
藤田ニコルさま

031

お金を惜しまず クリエイションにつなげる

僕はファッション業界の最前線であるパリコレクションやミラノコレクションへ、１年に多い時で2度訪れていますが、じつは自腹なんです。出張費は、１回の渡航で約80～１００万円ほどかかります。ただ、決して僕の家が裕福なわけではありません。学生の頃はバイトしてお金を貯めたり、社会人になった今はこのために貯金しています。

ブランド様から、お仕事として報酬を出していただける話もあったのですが、お受けしたことはありません。好意でそういったサポートを提案していただいていることは理解、そして感謝しているのですが、作品を見させてもらう側がお金を受け取ってしまうのも何か違うなと思うからです。また、１つのブランドからお金を受け取ってしまうと、そのブランドのショーしか見ることができないのです。僕は、１回の渡航で20～40ほどのファッションショーを見させていただいています。

ショーは、すべて招待制です。イベントのチケットのようにお金で買うことができないんですね。また、席数も決まっているので、招待状がいただけないこともよくあります。
どうやったら招待状がもらえるのか……開催の1ヶ月前に、滞在先のホテルや媒体名などをメールに書いて送ることで、お席を用意してくださったブランドさんがホテルにインビテーション（招待状）を送ってくれます。

招待状がホテルに届くので、安いホテルに泊まることはできません。その時は、最低4つ星以上のホテルに泊まるようにしています。僕がブランド側だったら、1着20～40万円するブランドなのに、1泊1万円のホテルに招待状を送らないと思います。もちろん1万円も高いですが、この時だけは多少背伸び。そして、招待状を持って、指定の日時と会場にそのブランドさんの洋服を着て出席しています。

15～30分でファッションショーは終わってしまいますが、この日のために多くの人たちが半年の月日を費やして作っていて、毎回感動。ランウェイは、白い道を作ったシンプルなものだったり、ロケットや滝や森を作ったランウェイだったりと、ブランドによってさまざまです。

最も重要なのは、体感することです。ランウェイはユーチューブなどで見てもカッコいいのですが、スマホの画面を通して見ることと、生の臨場感を味わいながら見るのでは大きく違います。かといって、動画を観ないわけではありません。動画を見て復習もしますし、その時見れなかったブランドさんを観ることがあります。

２０１６年からパリコレクションやミラノコレクションに訪れるようになり、ファッション業界の最前線の環境で審美眼を磨くことができました。そして、僕はデザイナーではありませんが、このあとのD'sクリエイションの軌跡でご紹介するような成果につなげることができました。

D's Message

うまくいった時はまわりのおかげ。失敗したら自分の力不足。

032

有名にならなくても成功できる

インスタグラムのフォロワー数が5万人から8万人くらいの人は、広告依頼も入りやすく、生活がしやすいようです。けれど、フォロワーが10万人を超えてくると、ギャラも高くなり、タレントと変わらなくなってくるので、発注は減ってきます。

そうなった場合は、芸能事務所に所属し、事務所に仕事をとってきてもらうという方法もあります。フォロワー数が50万、そして100万を超えると、仕事の問い合わせや芸能事務所などからの誘いも増えてきます。けれど僕は今、芸能事務所には所属していません。以前はしていたのですが、1人で活動していくことに決めました。

僕自身は決して有名ではありません。僕のことを知らない人も多いです。でも、僕がやりたい活動ができているので、これでいいと思っています。

「テレビや雑誌に出て有名にならないと成功できない」と思っている人が多いですね。数式にたとえてみましょう。

X＝有名願望
Y＝テレビに出ないといけないという気持ち
Z＝有名になれる

X×Y＝Z――これが正解だと思っている人が多いです。けれど、答えはこれだけではありません。自分で経験して学んでいくと、いろいろな道があることに気づくはずです。自分で気づくことが大切なのです。

芸能事務所に所属したいと考えている人には、「実績を出したあとに事務所に入ったほうがいい」と伝えたいです。ある程度実績があると、所属の条件なども交渉できるからです。そして、交渉次第で、より自分がやりやすく活動できます。

ところで、ハッシュタグで自分の名前を検索される人もいるようですが、僕はそういったことがありません。なぜならば、僕の名前は1文字だけだからです。

有名になればなるほど、自分が好きな活動ができなくなってしまいます。「どこに住んでいるか」「乗っている車はなにか」という世界になっていき、変な意地を張らなくてはならなくなります。僕は自分に嘘をついていくのは性に合わないので、1文字ネームにしています。詮索されたくない人は、1文字ネームをつけてみるのもいいかもしれませんね。

D's Message

いろいろな道があることに気づく。

d_japanese

Change Your Life with Instagram

6着目

D'sクリエイションの軌跡

Pokémon Shirtsのデザイン

僕がはじめてしたゲームが、ポケットモンスター「緑」でした。きっかけは祖父でした。初孫だったこともあり可愛がってもらったのですが、僕が6歳の頃、祖父は安らかな眠りにつきました。祖父が買ってくれたのが、『ルギア爆誕』のDVDと、フリーザーのぬいぐるみだったのです。祖父に恩返しができなかったので、大人になったらいつかポケモンさんと仕事をすることで天国の祖父にいい報告をしたいと想うようになりました。

個人的な理由でしたが、ご縁をいただき、フリーザーというポケモンの柄をデザインさせていただきました。この場を借りて、ご協力いただいた皆様、ポケモンさんに深く御礼申し上げます。天国の祖父に届けることが叶いました。

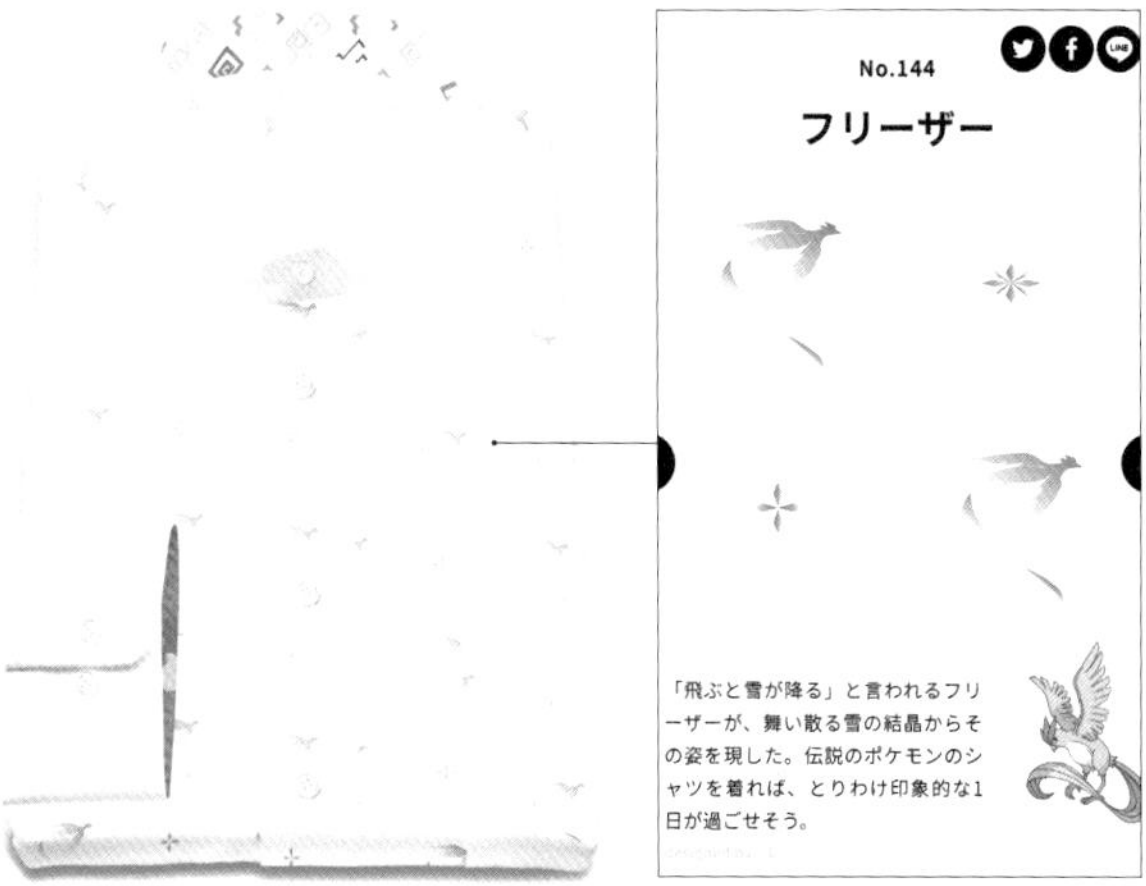

Pokémon Shirts

「ポケットモンスター赤・緑」に登場するポケモン全151種のオリジナルプリント生地がラインナップ。これらを自由に組み合わせ、オリジナルのカスタムシャツがオーダーできます。オーダーメイドだから､廃棄リスクも少ないです。さらに、襟や襟の裏、袖、袖の裏、前立て、本体、ポケットの合計7カ所にどの生地を用いるか、自由にカスタマイズが可能です。

さり気なく、あるいは大胆に。くらくらするほど多彩な組み合わせが！

さらにオンラインなので、いつでもどこでも、心ゆくまで迷ってから注文することも！

劇場版『BACK STREET GIRLS－ゴクドルズ－』のステージ衣装デザイン

週刊ヤングマガジンで大人気のギャグ漫画『Back Street Girls－ゴクドルズ－』(ジャスミン・ギュさん著）は、極道を貫いてきた3人の男が、組長の命により、タイで整形だけでなく性転換もして、アイドルとしてデビュー、芸能稼業に精進して組へ貢献する……という破天荒なストーリー。２０１８年にアニメ化、２０１９年に実写映画とドラマ化されました。

元男性という点。地下アイドルから人気アイドルへと駆け上がっていくたびに華やかになっていくという点。この2点をふまえた衣装を、4パターン手がけました。

■原作衣装の再現

僕自身、原作ファンのために漫画の原作の衣装があったほうがいいと思ったので、まずはじめに原作の衣装を制作しました。

■清楚系

その次は、乃木坂46風の、シックで清楚系衣装です。歌詞に合わせて、落ち着いたトーンの衣装にしました。ただアイドルなので、パニエにも拘ってふわふわ感を演出しました。

■1人1人違う衣装に展開

ゴクドルズが売れてきたので1人1人違う衣装へ。

■タイシルク×ドレスシャツ

男性と女性を衣装で表現しました。ゴクドルズは元々男性だったので、ボタンを男性仕様のシャツにしました。

前から見たらシャツですが、後ろは女優さんがレットカーペットで着るドレスみたいに、空いてます。なので、振り返ると背中が見えるようになっています。

そして、ゴクドルズが生まれた場所タイにちなみ、タイの素材「タイシルク」を使

原作衣装の再現

タイシルク×ドレスシャツ（浅川梨奈さんのツイッターより）

1人1人違う衣装に（©東映）

清楚系衣装（©アニメ！アニメ！）

いました。実際にタイに行って作りました（Made in Thailand）。ネタバレになりますが、映画のラストにメンバーの気持ちが一致団結。なのでシャツの色を統一しました。

『ランウェイで笑って』×『D』×『SHIBUYA109』身長１５８cmより低い人を起用したファッションショー

週刊少年マガジン（講談社）で連載中の漫画『ランウェイで笑って』（猪ノ谷言葉さん著）は、ファッションショーの最高峰・パリコレへの出演を目指す身長１５８cmの少女・藤戸千雪と、家庭の事情で進学ができないデザイナーを夢見る少年・都村育人を描く物語です。僕も「身長が低いにも関わらず、パリコレを夢見た」こと、また「服飾学校に進学するために苦労した過去」という漫画に共通するところがあり、とても共感できました。

『ランウェイで笑って』の主人公・千雪の身長が〝１５８㎝〟なので、ファッションショーでは身長が１５８㎝以下の人たちにモデルになってもらいました。

僕はとても素晴らしい先輩方に恵まれたと思います。なぜなら、才能あふれる先輩方が協力してくれたからです！　この日のイベントテーマは「'90ギャルズファッション」。ギャルモデルとしても活躍された鈴木あやさん（@techitechiaya）と僕がスタイリングを担当しました。そして、ヘアメイクを、僕の髪を切ってくださっている、ヘアー・アーティストの久米村啓太さんが担当してくれました。さらに、メイクアップをyaeさん、hiroko miyamotoさんが担当してくれました。なので、素敵なファッションショーをおこなうことができました。先輩方、関係者様のおかげで、漫画『ランウェイで笑って』の魅力も伝えることが叶いました。

コーディネートのご紹介。１５７ページの写真と照らし合わせて読んでいただけたら幸いです。

■村崎英絵さん（身長１４６㎝）

ギャルファッションを基軸に、今年トレンドカラーのヴァイオレットをオン。そしてＧＡＬといえば……ヒョウ柄。ヒョウ柄の色味に合うことを考慮して、シルバーのウェストポーチを合わせました。

トレンドも意識してみました。ウエストポーチはトレンドアイテムの1つなのです。

そして、ハイウエストミニ×ニーハイブーツはスタイルアップのポイントです。

■永尾まりやさん（身長１５８cm）

永尾さんが普段着なさそうだけど着こなしそうなファッションを意識して組みました。なので、ミッキーのヴィンテージトップスをチョイス。そして、このミッキースウェットに、アムラー時代に流行ったベロア素材のパンツを合わせ、渋カルｍｉｘを意識したコーディネートへ。

■山口夕佳さん（身長１５２cm）

いまＧＡＬファッションがリバイバルしているので、90年代風なオーバーサイズのジャージをダボっと羽織り、いまっぽいスニーカーの厚底にルーズソックスでＧＡＬ

感を出してみました。

■風谷南友さん（身長１４８cm）

90年代に流行ったギラギラが活きているミニスカと、ウェーブヘアーでお姉GALなコーデにしました。このミニスカとトップスに、ヒールの色を合わせて全体のバランスを作ってみました。ウエストポーチをウエストラインやや高めに巻くことにより、脚長に見えるスタイルアップ効果を演出。

■重石邑奈さん（身長１４９cm）

小さい子のスタイルアップの秘訣は、ずばり目線。ウエストより上部にファッションアイテムを身に付けることで、第三者の目線は自然と顔へ。不思議と実際よりも身長が高く見えるのです。

それもあって、今回はボリューミーなマフラーをチョイス。さらに膝上に合うスカートをチョイスすることで、全体のバランスも考えました。

現役高校生ならでは、制服も意識した〝真似しやすさ〟と〝身近な距離感〟も演出

風谷南友さん（身長148cm）

村崎英絵さん（身長146cm）

重石邑奈さん（身長149cm）

永尾まりやさん（身長158cm）

三根有葵さん（身長173cm）

山口夕佳さん（身長152cm）

ヘアー・アーティスト：久米村 啓太
メイクアップ：yae、hiroko miyamoto
コーディネート：鈴木あや

Special thanks：SHIBUYA109、
ランウェイで笑って（週刊少年マガジン）

してみました。

■三根有葵さん（身長173㎝）

あえて身長が高いモデルに出てもらいました。『ランウェイで笑って』にもそういうシーンがあったからです。そして僕自身、身長関係なくファッションで輝けることを知ってほしかったからです。

ポイントをひと言で言うと「スポーツカジュアル」。adidas originals のトップスは、緑・黒・赤・色があった中で赤をチョイス。デニムスカートも adidas originals で合わせました。そこに黒のミニバッグを合わせてコーディネートにメリハリをつけたら、足元も黒で合わせる王道パターンでバランスを作りました。

○xXx（トリプルX）アートディレクション

人気アクション映画シリーズ第4弾『トリプルX 4（xXx 4）』の2020年秋公

開を記念したコラボのアートディレクションをさせていただきました。xXx（トリプルX）にかけて、333個限定販売の案も採用されました。

■桃太郎ジーンズさんコラボ

主人公ザンダー・ケイジ（Xander Cage）と同じタトゥーを施した桃太郎と、その背景に映画タイトル〝xXx〟を配したわかりやすいデザインにしました。

■Dang Shadesさんコラボ

サングラスでは、男女ともにフィットするサイズ感で人気の高いレイズドロゴを使用。内側に〝xXx〟のアイコンを落とし込み、Xスポーツのプロでも使いやすくするために、水面の乱反射をカットする偏光ブラックレンズを搭載。左レンズには、xXxのレーザーロゴをあしらいました。

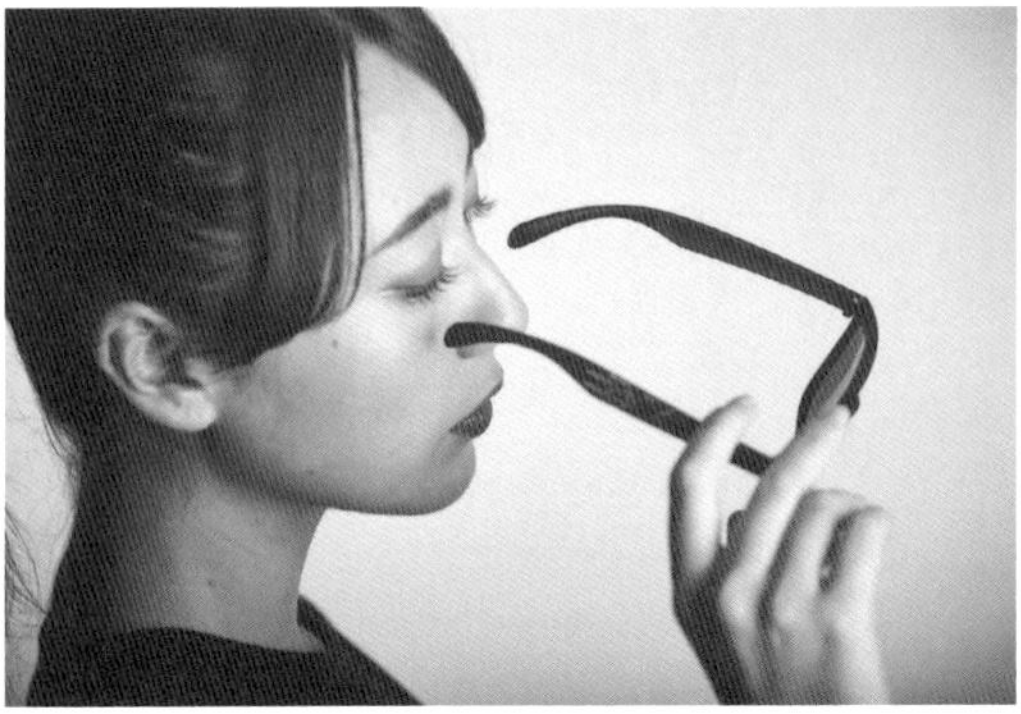

Dang Shades さんコラボ

桃太郎ジーンズさんコラボ

撮影協力：七色スタジオ
ヘアーメイク：久米村 啓太
メイク：あかねり
モデル：Anri Kurita
モデル：岩瀬マイラ
統括：谷和夫
コーディネート：Chris Nakajima
宣伝：なるまい
プロデューサー：宮本浩二
xXx：Xander Cage

ファッションドリーマー(Fashion Dreamer)

2019年秋に、「ファッションドリーマー」というファッションブランドを立ち上げました。

「人種や宗教、生まれに関係なく、ファッションを楽しむことができるように」
「多く作らない、同じデザインは作らないことで、ほかの人と被ることを避けたい」

その願いを、12星座で表現しました。

たくさんの時間を要した結果、服の両側面に星座の柄が入るデザインになりました。
また、ボタンで開閉できるようにしました。柄を取り外し可能にしたので、自宅で洗濯しても問題ありません。

ファッションドリーマーは、僕１人だけで形にできたわけではありませんでした。「ONEMADE」というハンドワークブランドがあるのですが、このブランドさんに大変お世話になりました。不思議なご縁で、xXx（トリプルX）のアートディレクションの商談先で知り合った、デザイナーの児玉勝之さんが、ONEMADEさんを紹介してくれたのです。

xXx（トリプルX）での経験がなければ、今ブランドを実現することはできなかったと感じます。というのも、xXx（トリプルX）の仕事は無報酬だったのです。しかし、もしお金がもらえないことで仕事を受けていなかったら、ONEMADEさんに出会うことはできなかったわけなんです……。

そして服を作ってくださった工場の皆様にも大変ありがたく感じております。おかげで、１２０％のものを作ることができました。

完成後、すべての服にハンドペイントを加えました。この世界に、同じ服が存在しないことがファッションドリーマーなのかなと。ONEMADEさんとごいっしょできたおかげでした。

またまた不思議なご縁で、地元、福岡のB'2nd大名店ロハゾーイというお店でブランドの発表や先行予約会を開催させてもらいました。ロハゾーイのディレクターの古賀祐作さんが、ご好意でトークショーも主催してくれたんです。

トークショーの後、お客さまが話しかけてくださったのですが、その際、服を可愛いと言ってくれた方、12星座の柄選びで……自分の星座にするのか、子どもや奥さんの星座にするのか、中には僕の星座にするのか、そんな会話をすることができ幸せでした。この経験から、まだまだ始まったばかりではありますが、これからも実際に足を運んでいきたいと強く思いました。

FASHION DREAMER × ONEMADE

人種や宗教、生まれに関係なく、
ファッションを楽しむことができるように

そして、
他の人と被ることを避けるため
同じデザインを多くは作らない

そんなコンセプトを12星座に託した

Aries

牡羊座

Taurus

牡牛座

Gemini

双子座

Cancer

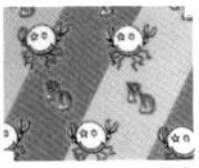

蟹座

Leo

獅子座

Virgo

乙女座

Libra

天秤座

Scorpio

さそり座

Sagittarius

射手座

Capricorn

山羊座

Aquarius

水瓶座

Pisces

魚座

PANTS

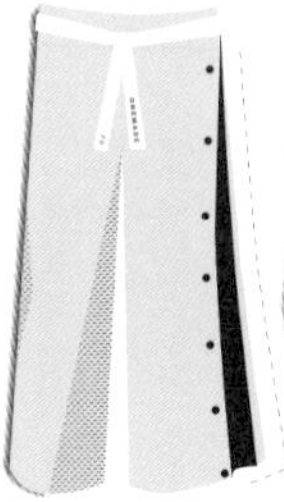

PARKA

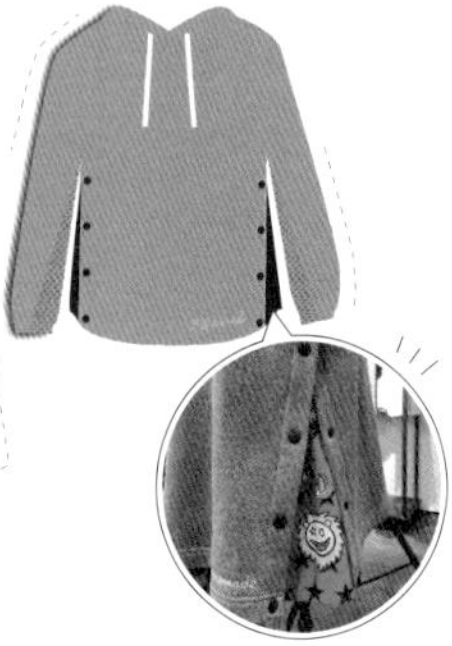

洋服の側面に星座の柄が入る様なデザインです。ボタンで開け閉めできる仕様になっていて、閉めれば普通の洋服としてもお楽しみいただけます。取り外し可能になっており、ご自宅で洗濯いただける丈夫な作りとなっています。
また、全てにハンドペイントを加えたことで、一点ものに仕上げてあります。
素材は軽くて丈夫なものを選びました。日常で着れて、かつ上品さも持ちたかったので光沢感がある素材を選びました。
MADE in JAPAN

編集：小嶋音色（@n._jp）

アニメ『ゾンビランドサガ』デザイン

僕は18年間佐賀で過ごしました。僕の人生で1番長く過ごしたのは、じつは佐賀県です。ですが、佐賀県は全国住みたくない都道府県ランキングワースト3位なんです……。育ったところが住みたくない県だなんて悲しいです。

そんな佐賀県を救うアニメがあります。それこそが『ゾンビランドサガ』。ゾンビとして生き返った少女たちが、プロデューサーに導かれながら、佐賀県を救うためにご当地アイドルとして活動する様子を描いたオリジナルアニメで、そのゾンビになった少女たちの生まれた年代も1人1人違っててすごくおもしろいんです。そんな、アニメ・ゾンビランドサガに、佐賀県出身者という接点があり、ファッションのデザインで「コラボ」させていただくことになりました。

たとえば、パーカーの場合。水に濡れるとメイクが落ちるから、全員水に濡れてはいけません。なので「水から守る」点で、防水生地を使ったパーカーにしました。生地だけではなく、見えないところにもたくさん工夫しました。それらを「佐賀の工場」で作ってもらいました（２０２０年３月発売）。

こだわったファッションにできたのも、まわりのおかげです。こんなまだ少ししか生きていない若造のアイデアを、形にしてくれる人たちがいます。シタテル株式会社さんと、株式会社MAPPAさんが、アイデアの実現、他企業様との打ち合わせをしてくれたのです。

そして、お客様のおかげで、ファッションとして１００点にしてもらえます。服はだれかに着てもらって、やっとファッションになることができます。お客様から注文がない限り、一生懸命作った麺もスープもラーメンになることがないのといっしょのように。

生活に関わるもの、自然や生き物など、すべては循環しています。よりインスタのフォロワーさんに還元したり、社会や故郷に貢献できるよう励んでいきます。

©ゾンビランドサガ製作委員会

エピローグ

僕は、高校生まで佐賀県ですごしました。テニスに夢中で、高校総体を目指していたのですが、練習中にコートに片づけられていなかったボールを踏んで転び、靭帯を切って万全な状態で出場できませんでした。

落ち込んでいた時、母がショッピングセンターに連れていってくれ、服を買ってくれました。その時に店員さんが選んでくれた服は、いつも僕が選ぶものよりかっこよかったんです。それがきっかけで「ファッションっておもしろいな、勉強したいな」と考えるようになりました。

けれど、親は大反対でした。「ファッションでは食べられない」というのです。どうやったら納得させられるか、考え抜きました。僕は大村美容ファッション専門学校のファッションビジネス科を希望していたので、オープンキャンパスには25回も通いました。そして26回目に親といっしょに行ったのですが、もう顔なじみのようになっていた先輩方が話しかけてくれて、学校も活気があったし、親も安心してくれたんです。

僕は進学するまで、パリコレを知りませんでした。海外から発信されたファッションが遠く九州福岡にまで届いている、その影響力の大きさをとてもカッコいいと感じ、「ゆくゆくは自分もそうした仕事ができたら」と考えました。けれど、じつは「パリコレに呼んでもらえる」という仕事自体が当時は存在していませんでした。「そういう職業はない」と、学校の先生にも言われてしまいました。ショックでしたね。どうしてもあきらめきれず、「日本以外に探し行けばいいんじゃないか」と思い至りました。

その頃、学校の特別講師の先生がシンガポールに行かれるにあたり、アシスタントとして同行させていただくことになりました。この先生は、多くのクラスメイトから尊敬されていました。理由は自分で会社を興し、月の半分以上はアジアの各国で商談をしたり、ホテルのプールで仕事をしたり、自由な生活を楽しんでいたからです。

でも、学年で80人中、同行を希望したのは5人でした。同行しなかった友達に理由を聞いてみると、「有名企業出身だから今活躍できている、ついて行っても仕方ない」というものが多かったです。それを聞いて迷いましたが、しかし「成功者に直接学べるチャンスを失いたくない」という気持ちが勝ちました。

シンガポールに到着して、先生から「おしゃれな人の写真を20枚以上撮ってくるように」という課題が出されました。言葉もなかなか通じないなか、僕は35人撮り、先生にほめられました。それがとてもうれしく、モチベーションも上がりました。

2度目のシンガポールでは、写真を撮らせていただいた人から招待状を分けていただいて、ショーを観ることができました。そして、ショーを撮っていたらシンガポールのウェブマガジン『Nookmag』から声をかけられ、「東京でおしゃれな人を毎月50人撮って送ってほしい」と依頼されたんです。ノーギャラでしたが、月に2回東京に行き写真を撮っているなかで、写真の撮り方も勉強になったのです。

在学中、ほかにインターンを2つとバイトをしていました。卒業3か月前に、映画『ファッションが教えてくれたこと』『マドモアゼルC』『ビル・カニンガム＆ニューヨーク』などに出会って衝撃を受けました。「パリコレの時期に、すごい人たちが毎回パリに集まる。そういうときのパリにはどんなことがあるんだろう？」と思い、本来僕がやりたかったパリコレという夢を改めて考え直す機会になりました。

貯金を全部使って、僕はパリへの準備を整えました。自主参加ですが、人生で一番ドキドキ、ワクワク、少しばかりの不安を抱えて、前日まで気合いを入れてました。それが仇となったのか……遅刻して飛行機に乗り遅れてしまいました。たまらなく悔しくて、号泣でした。どうしても、今！パリコレに行かないといけないという気持ちがあったので、両親に泣き落としてお金を貸してもらい、当日便を買い直しました。

そんな思いで向かったパリでは、ご縁がありました。シャルル・ド・ゴール空港で、とある日本人女性がいろいろと話を聞いてくれたんです。その方は音楽家の上林裕子さんといい、「ファッション系の仕事をしたい」という相談にも乗ってもらえました。そして、彼女がパリのエスモードというファッションの学校を紹介してくれて、あっという間にそこの東京校でプレスとして働かせてもらえることに決まりました。

けれど、せっかく入れていただいたのに、僕は3ヶ月しか働けませんでした。２０１６年当時、ＳＮＳの進化スピードがどんどん加速していて、危機感を感じていたのです。

そこで今度は、モデルプレスＴＶというところで制作と出演として働き始めました。ファッションやインスタグラム、映画などの生番組を毎日作る現場でした。朝8時に出社し、台本を作り、3部構成の番組が始まり、夜10時に終わる。そして、次の日の台本の仕込みをする。そんな日々でした。

そんななかでも、僕は睡眠時間を削ってインスタグラムを続けました。ソフトバンクの孫正義さんは、アメリカの大学に行くために1日2時間しか眠らずに勉強したそうです。僕も若かりし頃の孫さんに負けじとがんばってみました。しかし、がんばっても4時間が限界でした……。

２０１６年11月末日、番組が終了することになりました。その時のプロデューサーについていって働いたりもしたのですが、２０１９年に独立しました。今はインスタグラムを見てくれるフォロワーさんに、より楽しんでもらうことに専念しています。

僕はまだ若く、キャリアも5年と短いです。自分なんて、全然まだまだだと思っています。なので、まだまだがんばらないと。

インスタグラムで僕の人生は変わりました。すべて、まわりと両親や弟のおかげです。僕はこの気持ちを忘れないよう、日々感謝できる人であり続けたいです。小さなことにも「ありがとうございます」と言える、そんな人間でありたい。インスタグラムを通じて、僕自身も、これからも成長していきます。

最後まで読んでいただき、ありがとうございました。

２０２０年1月　D

Profile

D

（ディー）

自身がテニスで挫折した時に、家族とファッションから笑顔をもらった経験から、ファッションの道に進む。
公式 Instagram アカウントのフォロワー数は 200 万人超で、国内男性 7 位。既存の枠を軽々と飛び越え、フリーランスで全世界を舞台に活躍中。

【Instagram】https://www.instagram.com/d_japanese/
【英語版サイト】https://www.dcollabo.com/aboutd

■ファッションショー取材実績一覧

BALMAIN / DSQUARED2 / ETRO / EMPORIO ARMANI / GIORGIO ARMANI / HIROKO KOSHINO / HYKE / Junko Shimada / MOSCHINO / MSGM / MISSONI / NINA RICH / N°21 / OFF-WHITE c/o VIRGIL ABLOH / PRADA / sacai / TAE ASHIDA / THOM BLOWNE / UNDERCOVER / Versace …etc.

【他 ファッションの取材実績一覧】

Alexander McQUEEN / adidas Originals / BVLGARI / BALLY / BIRKENSTOCK / Borsalino / Chrome Hearts / GIANVITO ROSSI / Girls Award / HYPEFEST / HUNTING WORLD / HUNTER / ISETAN MEN'S / KERING EYEWEARE / LOUIS VUITTON / LOEWE / MONCLER / MAISON KITSUNE / MICHAEL KORS / MCM / NICCORON / Onitsuka Tiger / OPENING CEREMONY / PLAN C / RIMOWA / thunderbolt project by FRAGMENT & Pokemon / Tokyo Girls Collection / Vivienne Westwood / Yohji Yamamoto …etc.

お仕事のご依頼等
ask.djapanese@gmail.com

ファンレター・プレゼントの宛先はこちら
〒150-0001　東京都渋谷区神宮前 6-1-5　D（ディー）宛
※冷蔵・冷凍が必要な、なま物の受付はできません。

お問い合わせについて

本書に関するご質問は、FAX、書面、右記のWebサイトの質問用フォームでお願いいたします。電話での直接のお問い合わせにはお答えできません。あらかじめご了承ください。

ご質問の際には以下を明記してください。

- 書籍名
- 該当ページ
- 返信先（メールアドレス）

ご質問の際に記載いただいた個人情報は質問の返答以外の目的には使用いたしません。

お送りいただいたご質問には、できる限り迅速にお答えするよう努力しておりますが、お時間をいただくこともございます。

なお、ご質問は本書に記載されている内容に関するもののみとさせていただきます。

問い合わせ先

〒162-0846
東京都新宿区市谷左内町21-13
株式会社技術評論社　書籍編集部
「僕のインスタが200万フォロワーになった理由」係
FAX：03-3513-6183
Web：
https://gihyo.jp/book/2020/978-4-297-11093-2

●ブックデザイン　井上新八
●レイアウト　二ノ宮匡（ニクスインク）
●編集協力　内藤みか
●編 集　傳 智之

僕《ぼく》のインスタが200万《にひゃくまん》フォロワーになった理由《りゆう》
～Instagram《インスタグラム》で人生《じんせい》が変《か》わる～

2020年2月22日　初版　第1刷発行

著者　D《ディー》
発行者　片岡巌
発行所　株式会社技術評論社
東京都新宿区市谷左内町21-13
電話　03-3513-6150　販売促進部
03-3513-6166　書籍編集部
印刷・製本　株式会社加藤文明社

ISBN978-4-297-11093-2　C2036